COURS D'AGRICULTURE PRATIQUE

LES PLANTES ALIMENTAIRES

PAR

GUSTAVE HEUZÉ

MEMBRE DE LA SOCIÉTÉ CENTRALE D'AGRICULTURE DE FRANCE
INSPECTEUR GÉNÉRAL ADJOINT DE L'AGRICULTURE

ATLAS

CONTENANT 102 ÉPIS DE CÉRÉALES DE GRANDEUR NATURELLE

GRAVÉS SUR ACIER PAR M. DAVESNE

D'après les dessins de M. L. ROUYER

PARIS
LIBRAIRIE AGRICOLE DE LA MAISON RUSTIQUE
26, RUE JACOB, 26

LES

PLANTES ALIMENTAIRES

PAR

GUSTAVE HEUZÉ

MEMBRE DE LA SOCIÉTÉ CENTRALE D'AGRICULTURE DE FRANCE
INSPECTEUR GÉNÉRAL ADJOINT DE L'AGRICULTURE

ATLAS

CONTENANT 102 ÉPIS DE CÉRÉALES DE GRANDEUR NATURELLE

GRAVÉS SUR ACIER PAR M. DAVESNE

D'après les dessins de M. L. ROUYER

PARIS
LIBRAIRIE AGRICOLE DE LA MAISON RUSTIQUE
26, RUE JACOB, 26

DÉTAILS DES PLANCHES

Blé ordinaire. (Triticum sativum.)

Planche I. . . . . Froment Hickling. . . . .
Froment du Chili. . . . .
Froment de Saumur . . . .
Froment chinois. . . . .
Froment de l'Inde . . . .

Planche II . . . . Froment blanc de Flandre. . . . .
Froment Whittington . . . .
Froment Talavera. . . . .
Froment Jersey-Dantzick. . . . .
Froment Hunter.. . . . .

Planche III . . . . Froment de Crépy . . . .
Froment Pictet. . . . .
Froment Fellemberg. . . . .
Froment de mars blanc sans barbes . . . . .
Froment touzelle blanche. . . . .

Planche IV . . . . Froment Talavera de Bellevue . . . .
Froment Richelle de Naples. . . . .
Froment bleu de Noé. . . . .
Froment blanc d'Essex . . . .
Froment de Hongrie . . . .

Planche V. . . . . Froment de Haie. . . . .
Froment d'Odessa sans barbes. . . . .
Froment de Crète . . . .
Froment de Saint-Laud. . . . .
Froment carré de Sicile. . . . .

Planche VI . . . . Froment rouge d'Écosse. . . . .
Froment red de Kent. . . . .
Froment Lammas. . . . .
Froment rouge ordinaire . . . .

Planche VII. . . . Froment chicot de Caen. . . . .
Froment rouge de la Manche. . . . .
Froment de Marianopoli. . . . .
Froment du Caucase rouge sans barbes . . .
Froment touzelle rouge de Provence. . . . .

Planche VIII. . . . Froment Hérisson. . . . .
Froment Hérisson compacte . . . .

Planche IX . . . . Froment touzelle blanche barbue. . . . . . .
Froment de Victoria. . . . .

Planche X. . . . . Froment d'hiver barbu ordinaire. . . . . . .
Froment de mars barbu ordinaire . . . . . .

Planche XI . . . . Froment saisette d'Arles. . . . .
Froment Richelle barbu de Naples. . . . . .

Planche XII. . . . Froment du Caucase amélioré. . . . .
Froment du Cap barbu . . . .

Planche XIII . . . Froment de mars rouge barbu. . . . .
Froment d'automne rouge barbu. . . . . . .

Planche	Variété	Espèce
Planche XIV	Froment poulard du Nord	**Froment renflé.** (Triticum turgidum.)
	Froment pétanielle blanche	
Planche XV	Froment poulard blanc lisse	
	Froment poulard de la Seine-Inférieure	
Planche XVI	Froment Garagnon à barbes noires	
	Froment poulard velu de Touraine	
Planche XVII	Froment poulard rouge lisse	
	Froment poulard gros rouge	
Planche XVIII	Froment nonette de Lausanne	
	Froment gros blé de Montauban	
	Froment poulard bleu	
Planche XIX	Froment gros turquet	
	Froment espagnol	
	Froment pétanielle de Nice	
Planche XX	Froment miracle	**Froment rameux.** (Triticum compositum.)
	Froment plat rameux	
Planche XXI	Froment triménia	**Froment d'Afrique.** (Triticum durum.)
	Froment aubaine rouge	
	Froment de Xérès	
Planche XXII	Froment de Taganrock à barbes noires	
	Froment gros Taganrock	
Planche XXIII	Froment d'Ismaël	
	Froment de Pologne ordinaire	**Froment de Pologne.** (Triticum polonicum.)
	Froment de Pologne compacte	
Planche XXIV	Froment amidonnier blanc	**Froment amidonnier.** (Triticum amyleum.)
	Froment amidonnier noir	
	Froment engrain ordinaire	(Triticum monococcum.)
Planche XXV	Froment épeautre ordinaire	**Froment épeautre.** (Triticum spelta.)
	Froment épeautre blanche barbue	
	Froment épeautre noire	
Planche XXVI	Seigle ordinaire	**Seigle.** (Secale cereale.)
	Seigle de Rome	
	Seigle multicaule	
Planche XXVII	Orge escourgeon	**Orge carrée.** (Hordeum vulgare.)
	Orge noire	
	Orge à deux rangs	**Orge à deux rangs.** (Hordeum disticum.)
Planche XXVIII	Orge de Norwége	
	Orge à six rangs	(Hordeum hexasticum.)
Planche XXIX	Orge éventail	(Hordeum zoecriton.)
	Orge trifurquée	(Hordeum trifurcatum.)
Planche XXX	Avoine de Brie	**Avoine.** (Avena sativa.)
	Avoine de Sibérie	
Planche XXXI	Avoine d'hiver	
	Avoine de Hongrie	
Planche XXXII	Maïs à poulet	**Maïs.** (Zea mais.)
	Maïs quarantain	
	Maïs orange	
Planche XXXIII	Maïs King Philip	
	Maïs jaune gros	
	Maïs rouge	
Planche XXXIV	Maïs blanc des Landes	
	Maïs dent de cheval	
	Maïs blanc d'Amérique	
Planche XXXV	Riz nostrano	**Riz.** (Oriza sativa.)
	Riz à barbes noires	
Planche XXXVI	Riz ostilia	
	Riz Bertone	(Oriza mutica.)

Paris. — Imp. Simon Raçon et comp., rue d'Erfurth, 1.

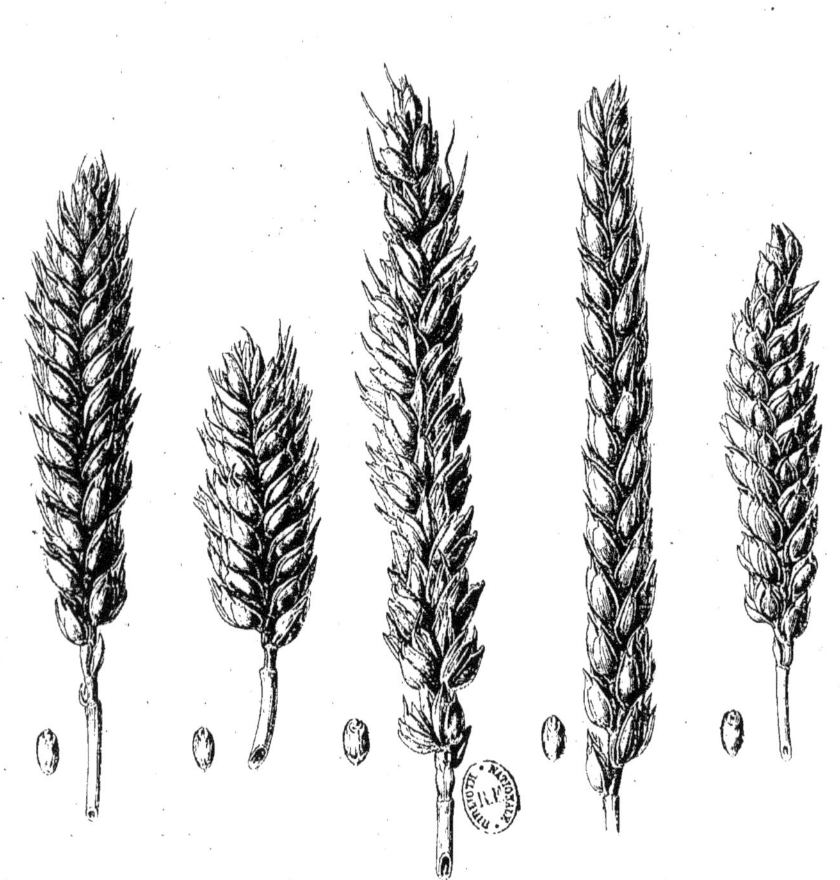

Rouyer del.

F. Hickling. F. du Chili. F. de Saumur. F. Chinois. F. de l'Inde.

(T. Sativum, L.)

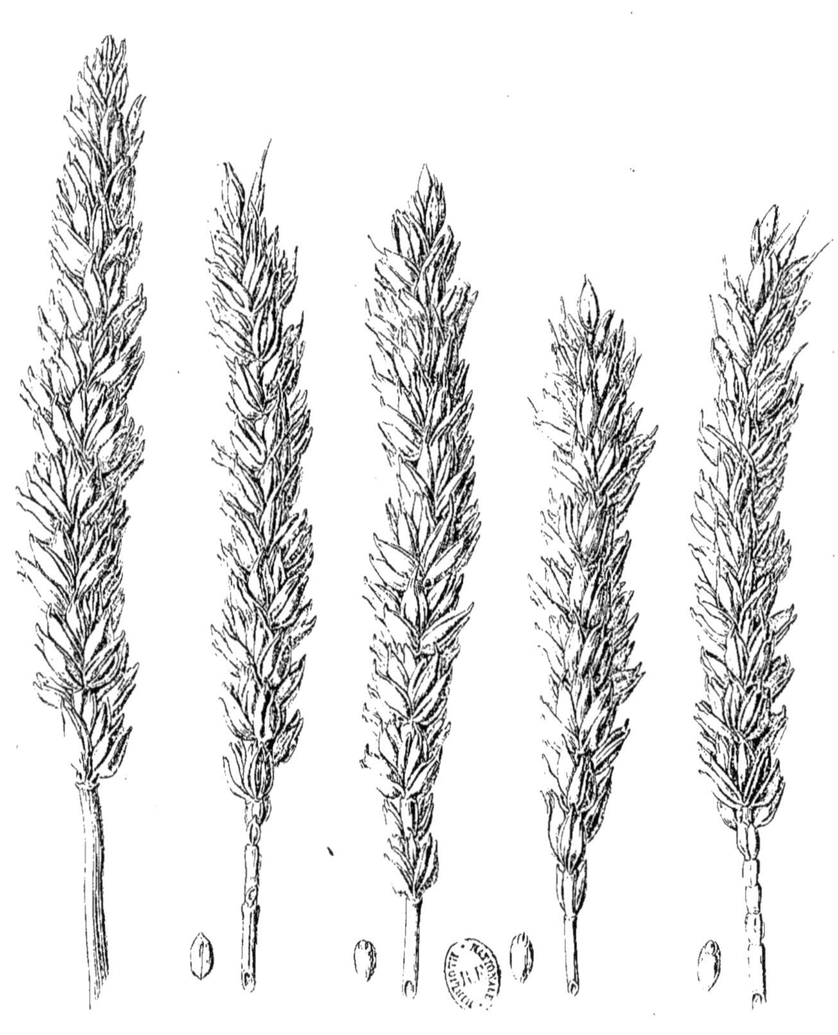

Froment blanc de Flandre — Froment Whittington — Froment Talavera — Froment Jersey-Dantzick — Froment Hunter

(T. Sativum, L.)

F. de Crépi ou d'Hiver ordinaire. F. Victor. F. Fellemberg. F. de Mars blanc sans barbes. F. Touzelle blanc.

(T. Sativum. v.)

Imp. Lemercier, à Paris

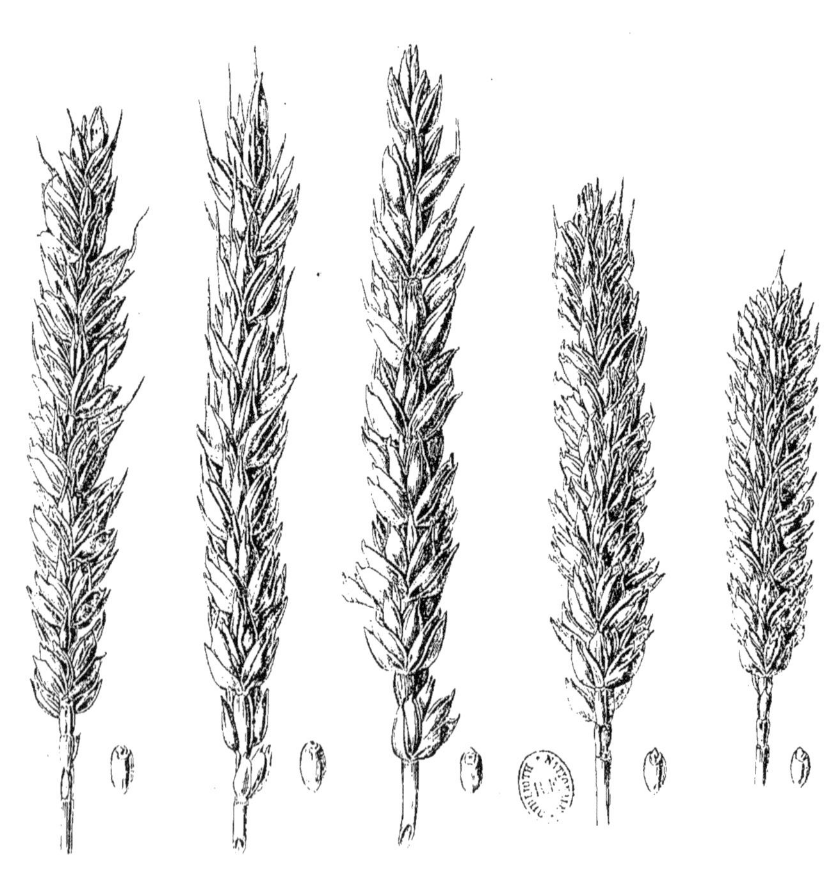

F. Talavera de Bellevue. F. Richelle de Naples. F. bleu (ou de Noé. F. blanc d'Essex. F. de Hongrie.

(T. Sativum, ο.)

F. de Mars ou velouté. — F. d'Odessa sans barbes. — F. de Crète velu. — F. rouge, de St Laud. — F. carré de Sicile.

(T. Sativum, L.)

Froment rouge d'Écosse. F. red Kent. F. Lammas. F. rouge ordinaire.

(T. Sativum. v.)

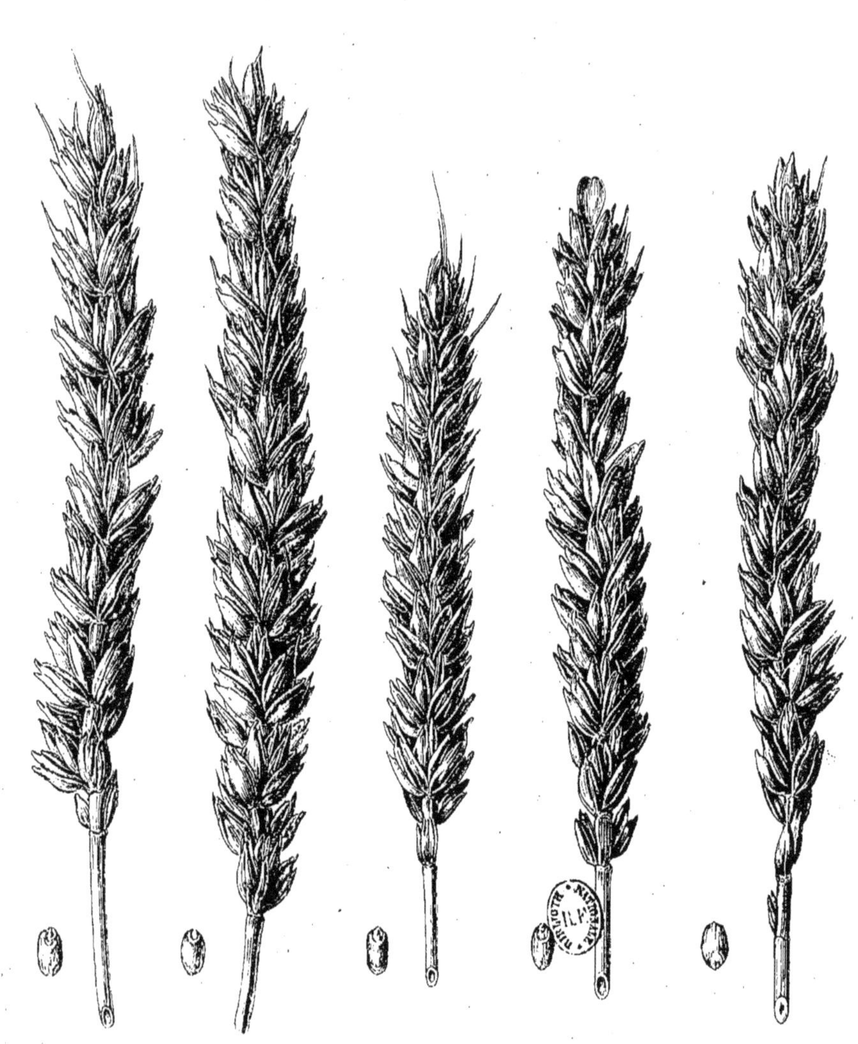

Houyer del.

Froment Chicot de Caen. F. rouge de la Manche. F. de Marianopoli. F. du Caucase rouge sans barbes. F. Touzelle rouge de Provence.

(T. Sativum. L.)

L. Rouyer del.

Froment hérisson.

(T. Sativum. v.)

Froment hérisson compacte.

(T. Sativum. v.)

Imp.

Duvome sc.

Froment Touzelle blanche.

(T. Sativum. v.)

Froment de Victoria.

(T. Sativum. v.)

Dumesne sc.

Froment d'Hiver barbu ordinaire.
(T. Sativum ? v.)

Froment de Mars barbu ordinaire.
(T. Sativum ? v.)

Froment Saisette d'Arles (T. Sativum? e.)

Froment Richelle barbu de Naples (T. Sativum? e.)

Froment du Caucase amélioré. (T. Sativum ? e.)

Froment du Cap barbu. (T. Sativum ? e.)

Rouyer del.

Froment de Mars rouge barbu.
(T. Sativum. v.)

Froment d'Automne rouge barbu.
(T. Sativum. v.)

Froment Poulard du Nord
(Triticum turgidum, c.)

Froment Pétanielle blanche
(Triticum turgidum, c.)

L. Rouyer del.

Froment Poulard Blanc
lisse.
(Triticum turgidum, c.)

Froment Poulard
de la Seine Inférieure.
(Triticum turgidum, c.)

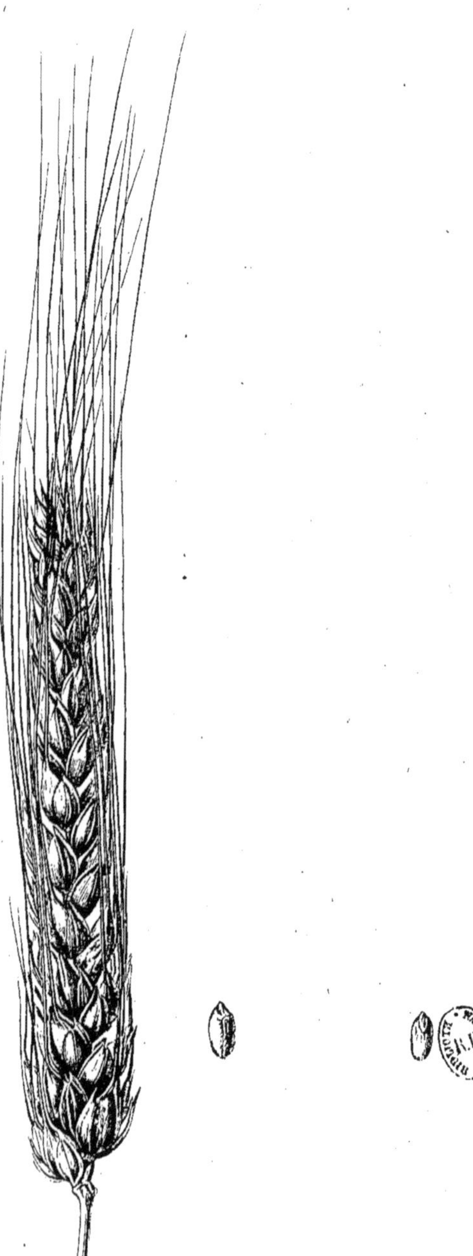

L. Rouyer del.

Froment Garagnon à barbes noires.
(Triticum turgidum, L.)

Froment poulard velu de Touraine.
(Triticum turgidum, L.)

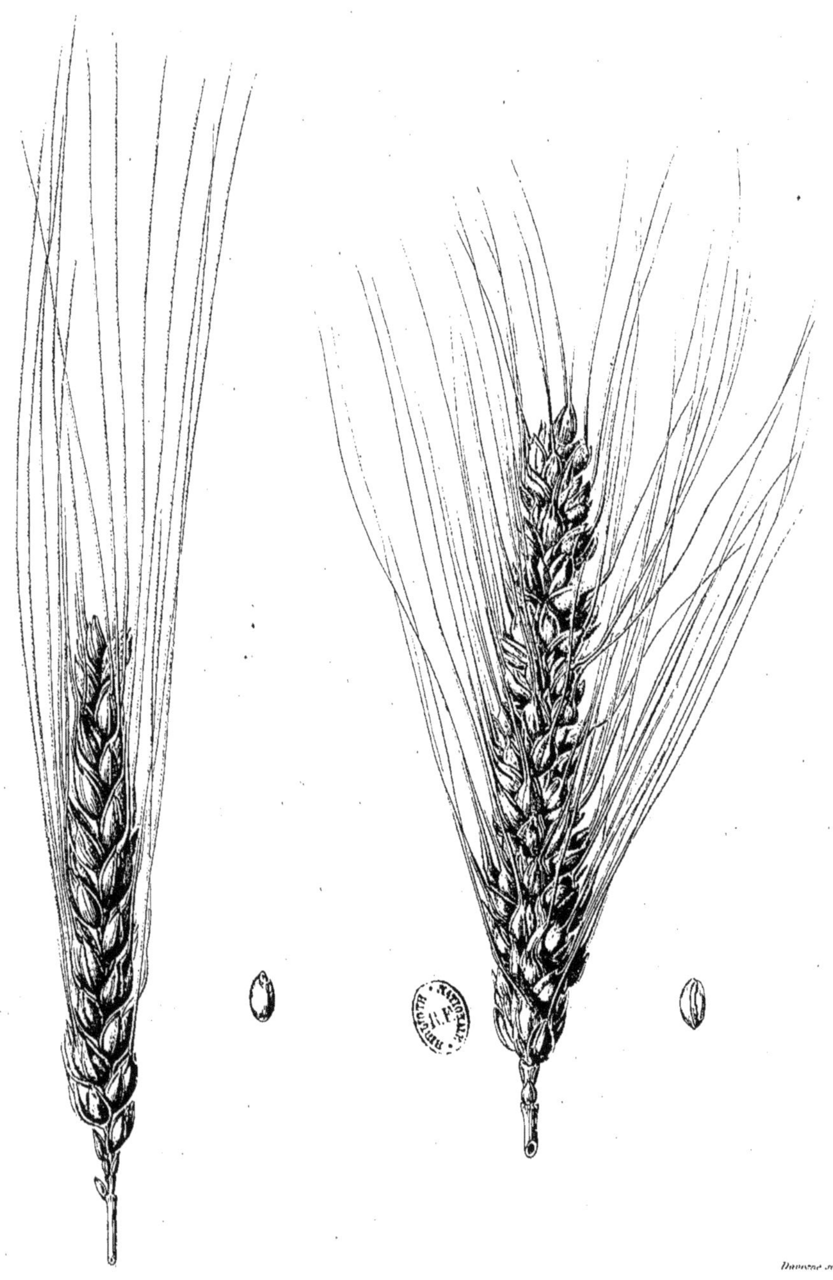

Froment poulard rouge lisse.
(Triticum turgidum. o.)

Froment poulard gros rouge.
(Triticum turgidum. o.)

Froment nonette de Lausanne (Triticum turgidum, o.)

Froment gros blé de Montauban (Triticum turgidum, o.)

Froment poulard bleu. (Triticum turgidum, o.)

Froment gros turquet. (Triticum turgidum. v.) — Froment espagnol. (Triticum turgidum. v.) — Froment pétanielle de Nice. (Triticum turgidum. v.)

Mignon, I. Paris.

J. Rouger del.

Froment miracle

(Triticum compositum)

Froment plat rameux

(Triticum compositum o.)

Impr. Haniet R.

Froment trimenia (Triticum durum, v.)

Froment aubaine rouge (Triticum durum, v.)

Froment de Xérès (Triticum durum, v.)

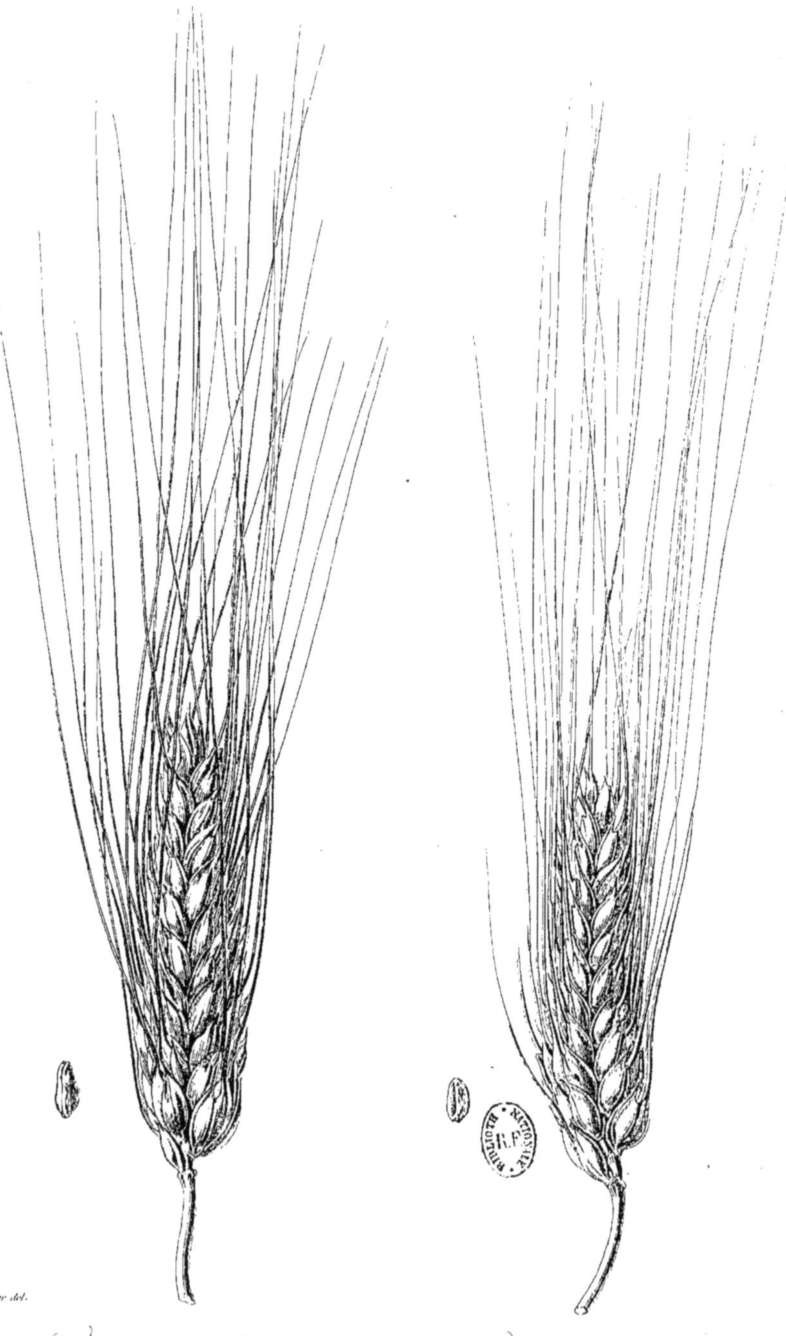

L. Rouyer del.

Froment Taganrock à barbes noires.
(Triticum durum, o.)

Froment gros Taganrock.
(Triticum durum, o.)

Froment d'Anaël.
(Triticum durum, o.)

Froment de Pologne ordinaire.
(Triticum polonicum.)

Froment de Pologne compacte.
(Triticum polonicum, o.)

L. Rouyer del.

Froment amidonnier blanc. (Triticum amelyum.)

Froment amidonnier noir. (Triticum amelyum: o.)

Froment engrain ordinaire. (Triticum monococum.)

Dumesnil sc.

Froment épeautre ordinaire. (Triticum spelta.)

Froment épeautre blanche barbue. (Triticum spelta, c.)

Froment épeautre noire. (Triticum spelta, c.)

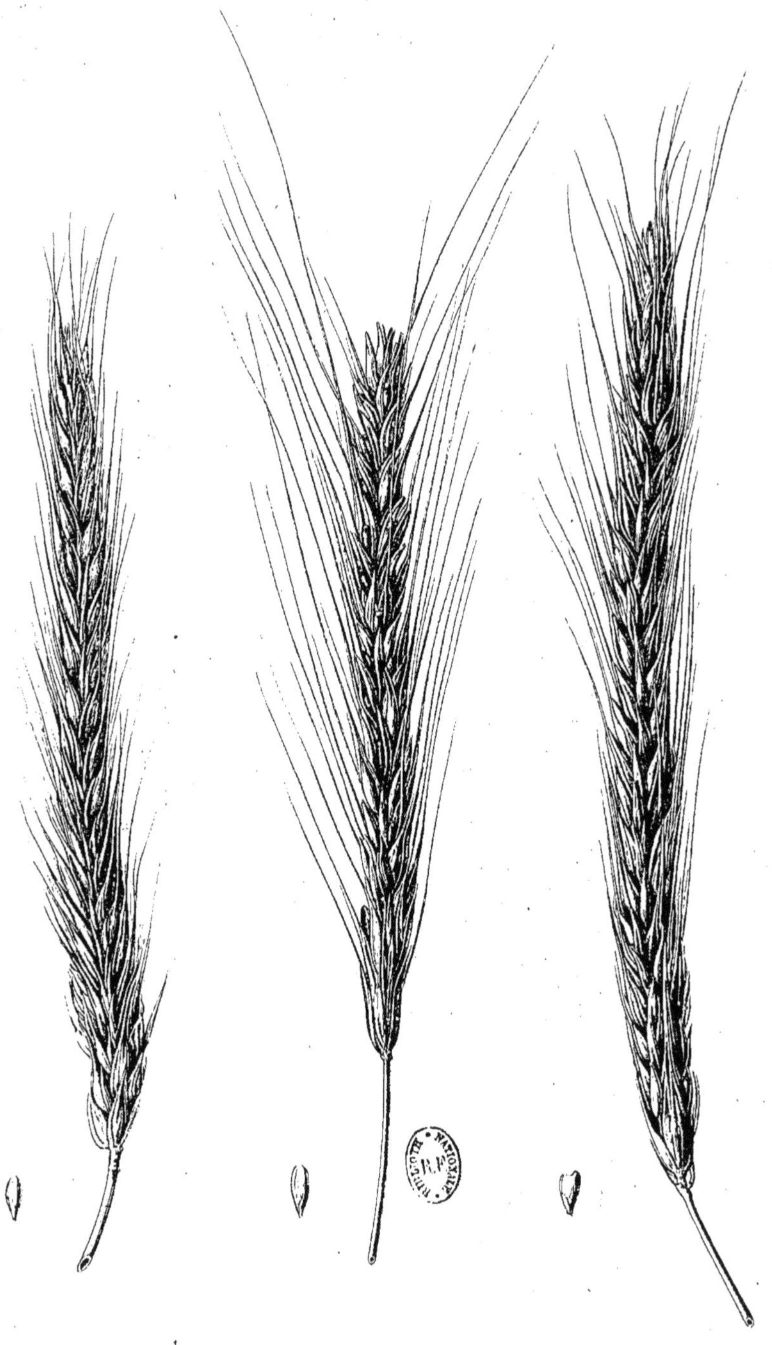

L. Rouyer del.

Seigle ordinaire. (Secale cereale.)

Seigle de Rome. (Secale cereale, v.)

Seigle multicaule. (Secale cereale, v.)

Imp. Houiste

Orge escourgeon. (Hordeum vulgare) — Orge à deux rangs. (Hordeum distichum) — Orge noire. (Hordeum vulgare v.)

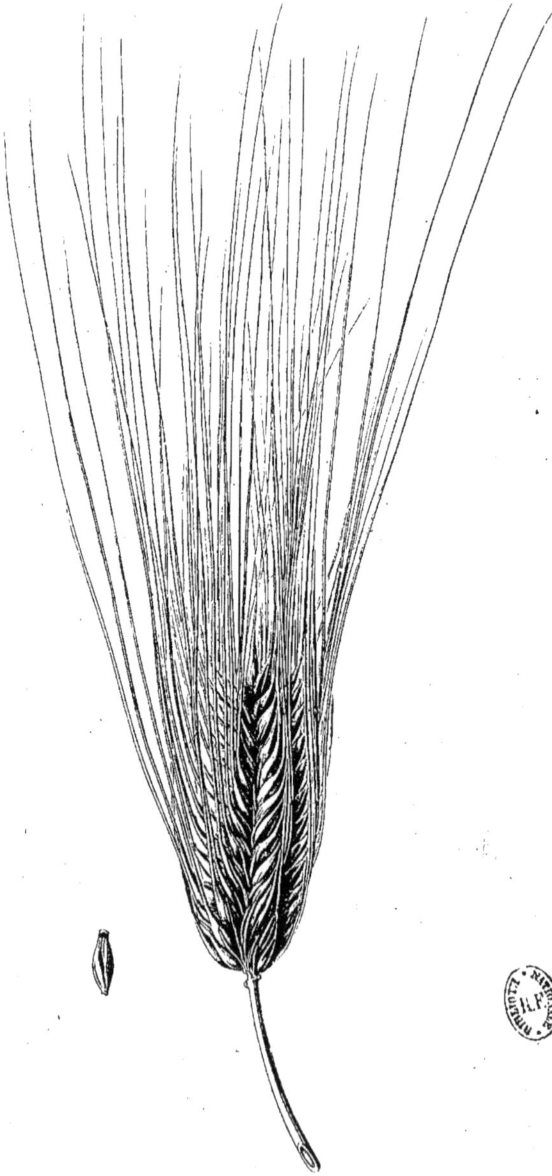

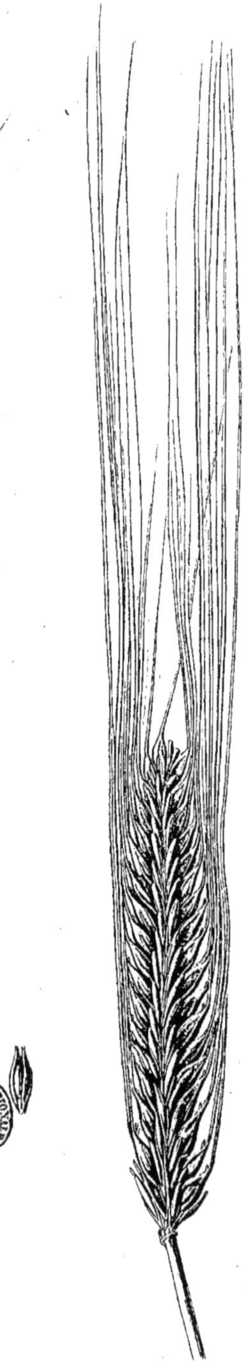

L. Rouyer del.

Orge à six rangs.

(Hordeum hexasticum)

Orge de Norwège.

(Hordeum disticum, v.)

Imp. Hoi

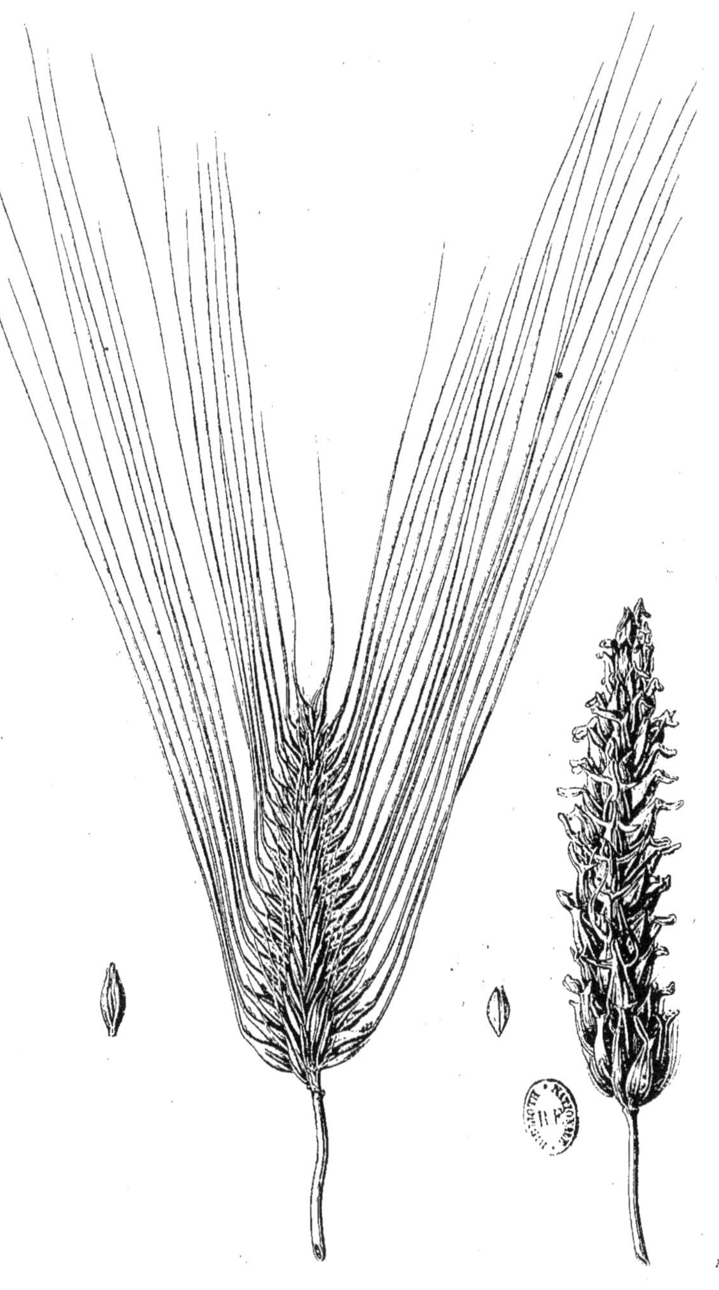

Davesne sc.

Orge éventail.

(Hordeum zeocriton)

Orge trifurquée.

(Hordeum trifurcatum)

Avoine de Brie

Avoine Patate

(Av. Sativa, o.)

Avoine noire de Hongrie
(A. Sativa orientalis.)

Avoine d'hiver
(A. Sativa, v.)

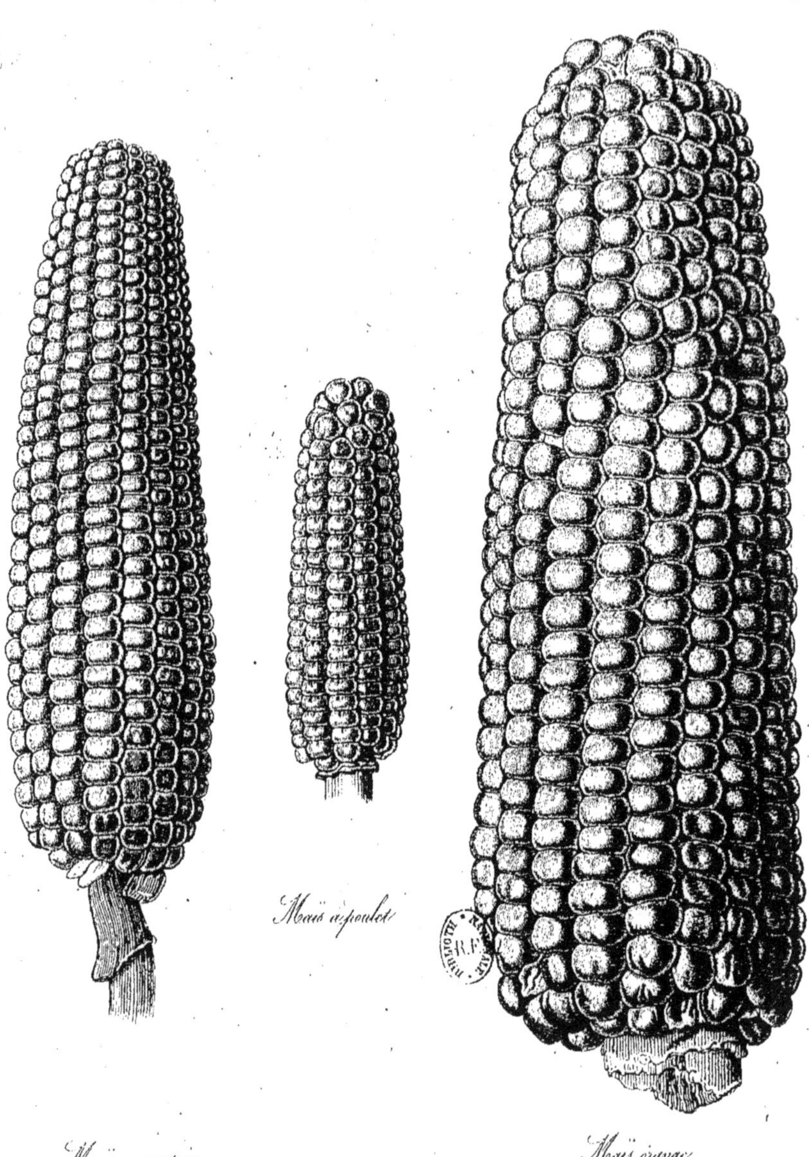

Maïs quarantain

Maïs à poulet

Maïs orange

(Z. Maïs, L.)

Maïs King Philip. Maïs jaune gros. (Z. Maïs, L.) Maïs rouge

Maïs blanc des Landes

Maïs dent de cheval

(Z. Maïs, v.)

Maïs blanc d'Amérique

Emher. del.

Riz nostrano

(Orisa sativa)

Riz à barbe noire

(Orisa nigra)

Riz-ostilia.

(Orisa sativa.)

Riz Bertone.

(Orisa mutica.)

EXTRAIT DU CATALOGUE

DE LA LIBRAIRIE AGRICOLE DE LA MAISON RUSTIQUE

26, rue Jacob

OUVRAGES DE M. G. HEUZÉ

COURS D'AGRICULTURE PRATIQUE

Les matières fertilisantes. 1 vol. in-8 de 708 pages, avec 41 vignettes sur bois. 4e édition . . . . 9 fr.

Assolements et systèmes de culture. 1 vol. in-8 de 530 pages, avec nombreuses gravures sur bois. . . . . 9 fr.

Plantes fourragères. 3e édition. 1 vol. in-8 de 582 pages avec 42 vignettes sur bois et 20 gravures coloriées. . . . . 10 fr.

Plantes industrielles, 2e partie. In-8 de 500 pages, avec des vignettes sur bois et 50 gravures coloriées. . . . . 9 fr.

Plantes alimentaires. 2 vol. in-8 de 1328 pages, et 244 vignettes sur bois avec atlas de 36 planches gravées sur acier, représentant 102 épis de céréales. . . . . 30 fr.

Porc (Le). 1 vol. in-12 de 334 pages avec 56 gravures. . . . . 3 fr. 50

Agriculture au moyen âge (De l'influence exercée par les croisades sur l'). Brochure in-8 de 23 pages. . . . . 50 c.

Fumures et des étendues de fourrages (Formules des). 72 pages. (Bibliothèque du Cultivateur.) . . . . 1 fr. 25

Pavot (Culture du). 1 vol. in-18 de 44 pages. . . . . 75 c.

Vignes malades (Traitement des). Rapport adressé au ministre de l'intérieur. In-8 de 72 pages. . . . . 1 fr.

Lectures et dictées d'agriculture, revues et annotées. 1 vol. in-18 de 128 pages. 75 c.

PUBLICATIONS PÉRIODIQUES

Journal d'agriculture pratique, Moniteur des comices, des propriétaires et des fermiers, fondé en 1837 par ALEXANDRE BIXIO; rédacteur en chef, M. E. LECOUTEUX, membre de la Société centrale d'agriculture de France, paraissant toutes les semaines par livraison de 48 pages, formant tous les ans deux beaux volumes ensemble de 1,700 pages avec de belles gravures noires dans le texte.

Prix de l'abonnement pour la France, l'Algérie, l'Italie, la Belgique et la Suisse :
Un an (janvier à décembre). 20 fr.
Six mois. . . . . 10 fr. 50

Revue horticole, publiée sous la direction de M. E.-A. CARRIÈRE, chef des pépinières au Muséum. Paraît le 1er et le 16 de chaque mois par livraison de 24 pages in-8, avec deux gravures coloriées et des gravures noires, et forme tous les ans un beau volume in-8 de 500 pages avec de nombreuses gravures noires et de 48 gravures coloriées.

Prix de l'abonnement d'un an (janvier à décembre), pour la France. . . . 20 fr.
— — six mois. . . . . 10 fr. 50

Maison rustique du XIXe siècle. — Cinq volumes grand in-8 à deux colonnes équivalant à 25 volumes in-8 ordinaires, avec 2,500 gravures représentant les instruments, machines, animaux, arbres, plantes, serres, bâtiments ruraux, etc., publiés sous la direction de MM. BAILLY, BIXIO et MALPEYRE.

Prix des cinq volumes (ouvrage complet). 39 fr. 50
Chaque volume est vendu séparément. . 9 fr.

Bon fermier (Le), par BARRAL, et pour les nouveautés, par DE CÉRIS. Aide-mémoire du cultivateur. 1 vol. in-12 de 1,405 pages et 100 gravures. . . . . 7 fr.

Bon jardinier (Le), par POITEAU, VILMORIN, BAILLY, DECAISNE, NEUMANN, PEPIN. 1,650 pages in-12. . . . . 7 fr.

Bon jardinier (Gravures du). 22e édition. 1 vol. in-12 de 648 pages avec 680 gravures et planches . . . . 7 fr.

PARIS. — IMP. SIMON RAÇON ET COMP., RUE D'ERFURTH, 1.

www.ingramcontent.com/pod-product-compliance
Ingram Content Group UK Ltd.
Pitfield, Milton Keynes, MK11 3LW, UK
UKHW022138190726
13855UKWH00003B/1218